Klima-Ethik und Generationsgerechtigkeit

Welche Welt wollen wir unseren Kindern hinterlassen und wie müssten wir dann heute handeln?

Christian Meffert

Bibliografische Information der Deutschen Nationalbibliothek:

Die Deutsche Nationalbibliothek verzeichnet diese Publikation in der Deutschen Nationalbibliografie; detaillierte bibliografische Daten sind im Internet über http://dnb.d-nb.de abrufbar.

ISBN: 9783346855138
Dieses Buch ist auch als E-Book erhältlich.

© GRIN Publishing GmbH
Trappentreustraße 1
80339 München

Druck und Bindung: Books on Demand GmbH, Norderstedt Germany
Gedruckt auf säurefreiem Papier aus verantwortungsvollen Quellen

Das Buch bei GRIN: https://www.grin.com/document/1349534

Klima-Ethik und Generationsgerechtigkeit: Welche Welt wollen wir unseren Kindern hinterlassen und wie müssten wir dann heute handeln?

Eine Diskussion ausgewählter Argumente aus
„Ethik des Klimawandels – Eine Einführung"
nach D. Roser und C. Seidel

Ein Essay von Christian Meffert

Abgabedatum: 31.03.2023

Wintersemester 2022/2023
Ludwig-Maximilians-Universität München
Fakultät für Philosophie, Wissenschaftstheorie und
Religionswissenschaft

Inhalt

1. Die globale Erwärmung und die Klima-Ethik

Dass sich die Erde zusehends erwärmt, ist ein Fakt der allgemein anerkannt ist und seit Jahrzehnten wissenschaftlich untersucht und nachgewiesen wird.[1] Trotz kritischer Stimmen, dass diese Erwärmung natürlich sei und die Diskussionen um den Klima-Schutz eine Art „politische Panikmache" wäre, sind sich 97% der publizierenden Wissenschaftler weltweit einig, dass der Mensch der treibende Faktor dieser Klima-Veränderung ist.[2]

Nachfolgend wird keine Grundsatzdiskussion über die Frage geführt, ob der Mensch die (alleinige) Ursache der globalen Erwärmung ist, sondern ungeachtet einer Antwort auf diese Frage bliebe zu diskutieren, was diese Entwicklung für die Menschen in der Gegenwart sowie in Zukunft für nachfolgende Generationen bedeutet. Es ergibt sich, dass die globale Erwärmung alle Menschen auf dieser Welt vor große Herausforderungen stellt: Was bedeuten zunehmende extreme Wetterereignisse (oder auch Klimakatastrophen genannt) wie Dürren für die Ernährung der Menschheit? Was bedeuten Überschwemmungen und die daraus resultierende Zerstörung für unseren Lebensraum?[3]

Dies führt unweigerlich zu Überlegungen und Fragen, wie beispielsweise die nach der individuellen bzw. kollektiven Verantwortung und Schuld bis hin zu Rechten und Pflichten, was letztlich auf einen ethischen Diskurs im Sinne der Generationsgerechtigkeit hinausläuft.

Warum Generationsgerechtigkeit? Wenn wir uns bereits heute mit den (ersten) Folgen der Klimaerwärmung konfrontiert sehen und damit die Möglichkeit haben, darauf zu reagieren, was sollten oder müssten wir tun? Wenn wir einfach so weitermachen wie bisher und beispielsweise nichts tun, was könnte dies dann für die nächsten Generationen bedeuten, die sich dann mit noch extremeren Klimakatastrophen konfrontiert sehen? Sind unsere Eltern vielleicht schuld an unserer heutigen Situation? Wenn wir nichts für unsere Kinder tun, machen wir uns dann nicht ebenso schuldig?

Bei der Diskussion dieser Fragen ergeben sich eine Vielzahl an Sicht- und Herangehensweisen, um auf die unterschiedlichsten Aspekte eine Antwort zu geben, welche sich auf entsprechende Argumentationen stützen. In diesem Kontext hat sich die junge Disziplin der Klima-Ethik entwickelt. Die Klima-Ethik steht dabei für die ethische Analyse der moralischen Probleme, welche sich aus dem anthropogen verursachten Klimawandel ergeben.[4]

In ihrem Buch „Ethik des Klimawandels – Eine Einführung" (kurz **[KlimaEthik15]**) von D. Roser und C. Seidel gehen die Autoren im Sinne der Klima-Ethik den folgenden Leitfragestellungen nach:

  a) Sind wir aufgrund des Klimawandels zu etwas verpflichtet? (Handlungsbedarf moralisch begründen)
  b) Falls wir zu etwas verpflichtet sind: Zu wie viel sind wir verpflichtet? (Intergenerationelle Gerechtigkeit)
  c) Wie sind diese Pflichten zu verteilen? (Globale Gerechtigkeit).[5]

Dabei gehen D. Roser und C. Seidel auf die Pro- und Contra-Argumente der einzelnen Fragestellungen ein, welche dann kritisch diskutiert und bewertet werden, um eine Antwort zu geben.

---

[1] https://www.umweltbundesamt.de/daten/klima/beobachtete-kuenftig-zu-erwartende-globale#aktueller-stand-der-klimaforschung-, abgerufen am 25.03.2023
[2] https://www.faz.net/aktuell/politik/gauland-der-klimawandel-ist-politisch-motivierte-panikmache-16392491.html, abgerufen am 24.03.2023 & [KlimaEthik15], Seite 9
[3] https://www.welthungerhilfe.de/informieren/themen/klimawandel/naturkatastrophen, abgerufen am 21.03.2023
[4] https://www.degruyter.com/document/doi/10.1515/9783110401066-011/html, abgerufen am 22.03.2023
[5] Vgl. [KlimaEthik15], Seite 3-4

Das Ziel dieses Essays ist es, das Thema der globalen Erwärmung aus Sicht der Klima-Ethik mit Fokus auf die Generationsgerechtigkeit zu betrachten. Dies erfolgt auf Basis ausgewählter Argumente im Rahmen der Beantwortung der durch D. Roser und C. Seidel gestellten Fragen, welche dann kritisch diskutiert werden.

2. Welche Welt wollen wir unseren Kindern hinterlassen bzw. leben wir auf Kosten unserer Kinder?

In Kapitel 1 wurden bereits einige Fragen aufgeworfen, die im Sinne der Generations-gerechtigkeit eng mit dem Aspekt der Verantwortung verbunden sind. Der Begriff der Verantwortung ist ein zentrales Element der Ethik und seit dem 18. Jahrhundert eng verschränkt mit politischen wie philosophischen Zusammenhängen. Seitdem wird der Aspekt nach der Verantwortung zunehmend in der Diskussion von sozialen, politischen wie auch ökonomischen Fragestellungen berücksichtigt.

Wann immer wir von Verantwortung sprechen, spielen unmittelbar weitere elementare Konzepte des menschlichen Handelns wie Schuld oder Pflicht, eine zentrale Rolle. Diese werden weiterführend in unterschiedliche Typen und Arten der Verantwortung, wie beispielsweise die bereits vorausgehend erwähnte individuelle und kollektive Verantwortung, differenziert. Dies lässt erkennen, dass Verantwortung ein vielschichtiges Konstrukt ist, dass sich beispielsweise im Kontext von Schuld, Pflicht, Gerechtigkeit und Solidarität bis hin zu den Menschenrechten (die auch den Aspekt des Klima-Schutzes beinhalten/abdecken[6]) diskutieren lässt.[7]

All diese Aspekte, Typen und Arten von Verantwortung spiegeln sich in der Fragestellung wider: Welche Welt wollen wir unseren Kindern[8] hinterlassen bzw. leben wir auf Kosten (der Zukunft) unserer Kinder?

Dies könnte man als eine Art „Gegenfrage" zur ersten Klima-Ethischen Leitfrage „Sind wir aufgrund des Klimawandels zu etwas verpflichtet?" wie sie Roser und Seidel formuliert haben verstehen, denn wenn jeder für sich selbst (= individuell), aber auch wir als Gesellschaft (= kollektiv) eine Summe von Antworten darauf finden, ergeben sich konkrete Diskussionspunkte. Und ein Konsens dieser Diskussionspunkte wird dann sein, zu was wir als heute lebende Generation verpflichtet sind und wie wir infolgedessen handeln müssten.

Greifen wir nochmals die erwähnten Beispiele für Klimakatastrophen auf (z.B. Hungersnöte in Folge von Dürren), so ergibt sich, dass dies zu Leid und Tod in der Menschheit führt. Dies scheint bereits eindeutig die ethische Schlussfolgerung nahe zu legen, dass wir den Klima-Wandel vermeiden sollten, um uns selbst und auch folgende Generationen zu schützen.[9]

Dies wäre dann zwar die Antwort auf die Frage, was wir tun sollten, aber nicht, was wir unseren Kindern hinterlassen wollen. Diese Antwort wäre viel mehr gekoppelt an die Frage der zukünftigen Lebenswirklichkeit[10], die wir heute aktiv beeinflussen können. Zum besseren Verständnis muss man sich vor Augen halten, dass unser Wohlstand[11] eng verbunden ist mit den direkten Emissionen, die wir beispielsweise in Deutschland als Industrienation verursachen, und den indirekten Emissionen, den sogenannten grauen Emissionen. Ein Beispiel: wir beziehen Güter

[6] Vgl. weiterführend https://www.institut-fuer-menschenrechte.de/fileadmin/Redaktion/Publikationen/Stellungnahmen/Stellungnahme_Menschenrechte_und_Klimakrise.pdf, abgerufen am 27.03.203
[7] Vgl. zu diesem und dem vorausgehenden Absatz [HaBuVe17]: Seite v ff.
[8] Kinder ist hier synonym zu den nachfolgenden Generationen zu verstehen
[9] Vgl. [KlimaEthik15], Seite 15
[10] Gesamtheit der Bedingungen und Umstände, mit denen man im Leben zu tun hat
[11] Meist gemessen durch Volkswirtschaftliche Kennzahlen wie z.B. dem Bruttosozialprodukt

aus China, deren Produktion und Logistik anderswo auf der Welt zu Emissionen führen, obwohl wir die direkten Nutznießer sind.[12]

Darüber hinaus ist die Sicht auf unsere Kinder und damit die nachfolgende(n) Generation(en) vor allem eine zeitliche Sicht, denn die Emissionen, die wir heute verursachen, werden sich kumuliert mit den bisherigen Emissionen erst in vielen Jahren bis Jahrzehnten in direkten Klimaschäden äußern, sodass wir Zeit unseres Lebens höchstwahrscheinlich nicht oder nur anteilig mit den Konsequenzen unseres Handelns konfrontiert werden.

Um diese Zusammenhänge und die damit verbundene Wechselwirkung besser begreifbar zu machen, ist dies in der nachfolgenden **Abbildung 1** schematisch dargestellt:

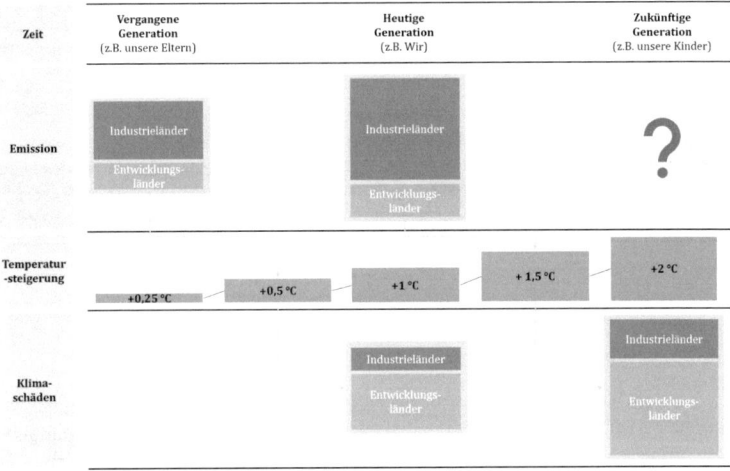

Abbildung 1: Der Klimawandel und die verzögerte Wirkungskette von Emissionen als intergenerationelles Problem (Schematische Darstellung)[13]

Wir könnten also theoretisch so weitermachen wie bisher und unseren heutigen Wohlstand (wenn auch nicht gerecht verteilt) vermehren und noch mehr Emissionen erzeugen, ohne dass wir uns direkt mit den unangenehmen Folgen unserer Entscheidungen beschäftigen müssen. Genau hier setzt allerdings die Leitfragestellung dieses Kapitels an, welche auch im Sinne der Klima-Ethik einer Antwort bedarf: Welche Welt wollen wir unseren Kindern hinterlassen bzw. leben wir auf Kosten unserer Kinder?

Dieser Antwort lassen sich nach Roser und Seidel im Sinne der Generationsgerechtigkeit drei Ansätze (Fragestellungen, deren Antworten entsprechende Prämissen bedeuten) zugrunde legen, welche weiterführend im Kapitel 3 diskutiert werden:

Wollen wir, dass **unsere Kinder**...

- ausreichend viel haben,
- gleich viel haben oder
- mehr haben als wir?[14]

---

[12] Vgl. [KlimaEthik15], Seite 98
[13] Eigene Erstellung (2023) in Anlehnung an [KlimaEthik15], Seiten 6, 8 & 47
[14] Vgl. [KlimaEthik15], Seite 45

3. Generationsgerechtigkeit – Was schulden wir unseren Kindern?

Mit Abschluss von Kapitel 2 sind die drei Ansätze von Roser und Seidel zur grundsätzlichen Beantwortung der Frage „Welche Welt wollen wir unseren Kindern hinterlassen?" vorgestellt worden. Diese werden nun im Detail betrachtet, diskutiert und daraus eine mögliche Antwort auf die Frage „Was schulden wir unseren Kindern?" abgeleitet.

Die beiden bedienen sich bei der Beantwortung der Fragestellung mittels einer Metapher, bei der wir uns und nachfolgende Generationen als Wanderer verstehen, die auf ihrer Reise für eine Nacht eine Berghütte nutzen, welche repräsentativ für die Erde steht. Für solche Berghütten gelten gemeinhin gewisse Verhaltensregeln:

- „Hinterlasse die Hütte so sauber, wie du sie angetroffen hast" (→ gleich viel),
- „Jeder soll ein wenig zur Verschönerung der Hütte beitragen" (→ mehr als wir) und
- „Hinterlasse die Hütte sauber" (→ ausreichend viel).[15]

Um diese Frage(n) zu beantworten, muss aber vorher ein Konsens darüber herrschen, *wovon* wir eigentlich gleich viel, mehr oder ausreichend hinterlassen wollen.

Wovon bedeutet hierbei, dass wir eine Art Gut brauchen, das für uns heute und auch zukünftig von Bedeutung ist. In der Politik und Wirtschaft wird dabei oft von Wohlergehen oder auch Lebensqualität gesprochen – dies sind aber volatile Begrifflichkeiten, deren Bedeutung und Maßstab sich mit der Zeit stetig verändert und damit weiterentwickelt haben in ihrer Bedeutung.

Roser und Seidel argumentieren dabei, dass wir eher mit einem Wohlergehensniveau als Bewertungsmaßstab arbeiten sollten. Da wir dies aber nur bedingt direkt messen können, greifen wir auf indirekte Messgrößen zurück, welche sich dann aber hinsichtlich ihrer Wirkung auf eine Steigerung oder Minderung des Wohlergehens bewerten lassen.

Wenn wir beispielsweise nichts für das Klima tun und die Temperatur steigt und damit natürliche Agrarflächen zerstört werden, riskieren wir mit unserem heutigen Handeln, dass in der Zukunft die Versorgung der Menschheit mit Lebensmitteln gefährdet sein wird – folglich ist dies ein Verlust des Wohlergehensniveaus (und auch eine Verantwortungs- und Schuldfrage).[16]

Wichtig bei dieser Diskussion und Betrachtung ist aber, dass dies kein unmittelbarer Effekt ist: Im Zweifel bedeutet dies, dass wir heute z.B. auf einen Flug in den Urlaub in Übersee verzichten, aber auch, dass wir z.B. Geld in die Entwicklung neuer Technologien zur Dekarbonisierung investieren müssen. Beide Beispiele wären ein Verzicht bzw. Verlust des Wohlergehens für uns heute, aber eine (potentielle) Steigerung in der Zukunft. Dies veranschaulicht, wieso diese Diskussion eine Frage intergenerationeller Gerechtigkeit ist.

In der Abbildung 1 sieht man die Wirkungskette des Ausstoßes von Emissionen: Betrachten wir den linken Teil der Kette, so leiten sich daraus Pflichten für uns in der Gegenwart ab und wenn man rechts die Auswirkung der Emissionen betrachtet, so müssen wir uns die Frage nach den Auswirkungen bzw. Konsequenzen unserer heutigen Emissionen stellen.[17]

Und daraus resultiert letztlich die Fragestellung „Was schulden wir unseren Kindern?", denn wenn wir heute unser individuelles Wohlergehen durch z.B. ein Mehr an Konsum steigern, könnten wir unsere Kinder damit zwingen, verzichten zu müssen und ein Leben auf einem niedrigeren Wohlergehensniveau führen zu müssen.

---

[15] Vgl. [KlimaEthik15], Seite 45
[16] Vgl. zu diesem Absatz [KlimaEthik15], Seiten 46-47
[17] Vgl. zu diesem Absatz [KlimaEthik15], Seite 47

3.1. Wollen wir, dass unsere Kinder ausreichend viel haben?

Das erste Prinzip der intergenerationellen Gerechtigkeit besagt, dass wir eine Pflicht gegenüber nachfolgenden Generationen haben, eine Suffizienzforderung zu erfüllen. Das bedeutet, dass wir dafür Sorge tragen sollen, dass es der nächsten Generation ausreichend gut geht und diesem Schwellenwert nicht unterschreiten dürfen. Dieser Schwellenwert orientiert sich dabei aber nicht an unserem heutigen Wohlergehensniveau, sondern an dem dann geltenden Maßstab der Bedürfnisse in der Zukunft. Woher sollen bzw. können wir heute wissen, was in der Zukunft die vorherrschenden Bedürfnisse und Wünsche sein werden?

Dass wir als Menschen alle gewisse Grundbedürfnisse haben ist allgemeingültig, während Wünsche von Mensch zu Mensch unterschiedlich ausfallen. Daher leiten Roser und Seidel mit einem Verweis auf die vielleicht schon berühmte Nachhaltigkeitsdefinition der World Commission on Environment and Development aus dem Jahr 1987 ab, dass für uns heute und den Menschen in der Zukunft gleichermaßen die Menschenrechte ein gültiger Maßstab sind[18]:

„Humanity has the ability to make development sustainable to ensure that it meets the needs of the present without compromising the ability of future generations to meet their own needs."[19]

Sinngemäß bedeutet dies, dass eine nachhaltige Entwicklung die Bedürfnisse der Menschen der Gegenwart befriedigt, ohne den Menschen der nachfolgenden Generation die Chance zu nehmen, ihre eigenen Bedürfnisse zu befriedigen. Da wir wie erwähnt nicht wissen können, welche gesellschaftliche, technologische oder kulturelle Lebenswirklich in der Zukunft das Maß ist, ist es nachvollziehbar anzunehmen, dass Aspekte wie ein menschenwürdiges Leben und beispielsweise ein damit verbundenes Existenzminimum ausschlaggebend sind. Zu diesem Existenzminimum werden dabei sicherlich auch Prämissen wie Nahrung und Gesundheit zählen, welche wir aber heute bereits gefährden.

Die Suffizienzforderung stellt damit in den Vordergrund, dass wir keine allgemeine Gleichheit im Wohlergehen der heutigen und zukünftigen Menschheit sicherstellen müssen, sondern eben ein ausreichendes Niveau, dass sich an den Menschenrechten festmachen lässt.

3.2. Wollen wir, dass unsere Kinder gleich viel haben?

Das zweite Prinzip der intergenerationellen Gerechtigkeit besagt, dass das Wohlergehen mindestens genauso hoch sein soll wie das unsere. Dies begründen Roser und Seidel mit den drei folgenden Aussagen[20]:

1) **Gegenseitigkeit**: Wir sind unseren Nachfahren gegenüber verpflichtet, weil unsere Vorfahren im Gegenzug auch für uns gesorgt haben. Hierauf beruht beispielsweise auch der Grundgedanke des Generationenvertrags, auf welchen sich das deutsche Rentensystem stützt (ich zahle nicht meine Rente ein, sondern wir finanzieren die Renten unserer Eltern).[21]
2) **Libertäre Theorien des Privateigentums**: Wenn wir als Generation die Erde und deren Ressourcen als unser Eigentum betrachten, so kann dies nur im Rahmen bestimmter Grenzen geschehen. Wir dürften die Erde und ihre Ressourcen nur so weit nutzen, dass zukünftigen Generationen genügend oder gleich viel Gutes zur Verfügung steht.

[18] Vgl. zu diesem Kapitel [KlimaEthik15], Seite 55
[19] Seite 18 aus dem https://www.are.admin.ch/dam/are/de/dokumente/nachhaltige_entwicklung/dokumente/bericht/our_common_futurebrundtlandreport1987.pdf.download.pdf/our_common_futurebrundtlandreport1987.pdf, abgerufen am 29.03.2023
[20] Vgl. zu diesem Kapitel [KlimaEthik15], Seite 50
[21] Vgl. https://www.bpb.de/kurz-knapp/lexika/lexikon-der-wirtschaft/19473/generationenvertrag/, abgerufen am 28.03.2023

3) **Nutzungs- und Eigentumsrechte:** Die Erde ist nicht das Eigentum der Menschheit, sodass wir diese zwar nutzen dürfen, aber sie in ihrer Grundsubstanz nicht zerstören bzw. selbige nicht schmälern dürfen.

3.3. Wollen wir, dass unsere Kinder mehr haben als wir?

Das dritte Prinzip der intergenerationellen Gerechtigkeit besagt, dass wir unseren Nachfahren ein Mehr an Wohlergehen schulden, was mit den folgenden beiden Prämissen begründet wird:

1) **Utilitarismus:** Wir haben die Verpflichtung das Gesamtwohlergehen zu maximieren.
2) **Positive Ertragsrate:** Wenn wir heute verzichten, dann können wir der zukünftigen Generation ein Mehr an Wohlstand ermöglichen.

Das dritte Prinzip führt dann aber unweigerlich zu einer Frage der Gerechtigkeit: Haben unsere Eltern für ein Mehr an Wohlstand gesorgt? Wenn nein, warum müssten wir dann heute verzichten, damit unsere Kinder ein besseres Leben in mehr Wohlstand führen können?

Auf Basis der erläuterten drei Prinzipien der intergenerationellen Gerechtigkeit gilt es nun abschließend die Leitfrage dieses Kapitels „Was schulden wir unseren Kindern?" zu beantworten. Die beiden Autoren vermitteln, dass es keine pauschale Antwort auf diese Frage gibt, begründen aber sinnvoll, dass wir zumindest in der Pflicht sind, der nächsten Generation ein ausreichendes bis gleichwertiges Wohlergehensniveau zu ermöglichen. Diese Verpflichtung ergibt sich unter anderem daraus, dass wir bereits heute von eben jener Verpflichtung unserer Eltern uns gegenüber profitiert haben.

Nachdem man damit ein Verständnis dafür geschaffen hat, was wir der nächsten Generation schulden, gilt es nun zu klären, wie wir dies erreichen können. Und daraus folgt auch die Leitfragestellung des Kapitel 3: „Wer trägt welche Last?".

4. Verteilungsprinzipen – Wer trägt welche Last?

Roser und Seidel nennen es in ihrem Buch auch „*Die größte Umverteilung der Menschheitsgeschichte*". Dabei geht es um die Frage, wie wir die Last eines nachhaltigen Klima-Schutzes auf die Schultern der Menschen heute und morgen verteilen.[22]

Dabei sind verschiedenste Möglichkeiten gegeben, sowohl Emissionen zu reduzieren und den zukünftigen Klimawandel zu vermeiden als auch bereits eintretende Schäden in Folge des Klimawandels zu bekämpfen.[23]

In der internationalen Klimapolitik herrscht dabei bereits seit 1992 in der verabschiedeten und durch 154 Ländern angenommenen Klimarahmenkonvention der Vereinten Nationen eine Antwort:

„[...]*Acknowledging that the global nature of climate change calls for the widest possible cooperation by all countries and their participation in an effective and appropriate international response, in accordance with their common but differentiated **responsibilities** and respective **capabilities** and their social and economic conditions[...]*"[24]

Interessant dabei ist die Formulierung hinsichtlich der beiden Aspekte der Verantwortlichkeit (responsibilities) sowie der Fähigkeiten (capabilities). Für keine der beiden Begrifflichkeiten gibt es weiterführende Erläuterungen bzw. eine Art Definitionen, die einen Maßstab erschließen lässt.

---

[22] Vgl. [KlimaEthik15], Seite 77
[23] Vgl. [KlimaEthik15], Seite 80
[24] Seite 2 aus https://unfccc.int/resource/docs/convkp/conveng.pdf, abgerufen am 29.03.2023

Woran können wir ableiten, wer für welche Emissionen verantwortlich ist? Woran machen wir fest, was die nötigen Fähigkeiten sind und welche Pflichten sich daraus ergeben?

Zur Beantwortung dieser Fragen bzw. der Kernfrage dieses Kapitels werden nachfolgend die Verteilungsprinzipien vorgestellt und erläutert.

4.1. Grandfathering

Da der Klimawandel bzw. seine Konsequenzen alle Menschen gleichermaßen betreffen, scheint es naheliegend, dass die Vermeidung eine gesamthafte Aufgabe der Menschheit ist und damit alle gleich viel an Emissionen reduzieren müssten.

In der Abbildung 1 wurde aber bereits angedeutet, dass nicht alle Menschen gleichermaßen verantwortlich sind für die bestehenden Emissionen und beispielsweise die Industrieländer, in denen ein sehr hohes Wohlergehensniveau vorherrscht, historisch bereits mehr Emissionen erzeugt haben. Wie verteilt man also die Last gleichermaßen?

Das Prinzip des Grandfathering besagt, dass wir alle eine gleich hohe relative Emissionsreduktion haben. Roser und Seidel veranschaulichen dies exemplarisch im Kontext absoluter und relativer Zahlen, die man sich wie ein Stück vom Kuchen vorstellen muss: Der Kuchen wird relativ gleich zwischen allen aufgeteilt. So bekommt beispielsweise Deutschland 2023 ein Stück von 14% und auch in 2030 ein Stück von 14%, aber der Kuchen in Summe wird kleiner und damit auch der absolute Anteil, wie es die Abbildung 2 veranschaulicht.[25]

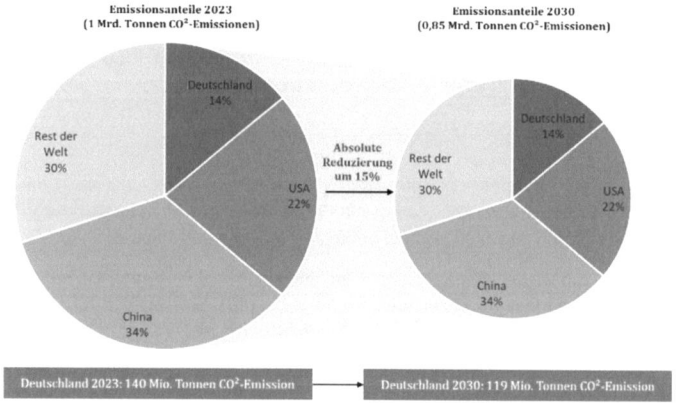

Abbildung 2: Das Grandfathering-Prinzip: absolute und relative Verteilung dargestellt am Beispiel Deutschlands[26]

Das Grandfathering beruht dabei auf einer Reduktionsverpflichtung, die auf Basis bisheriger und damit gewissermaßen historischer Informationen beruht. Hier offenbart sich aber bereits die erste Schwäche dieses Prinzips, denn diese Last allein mit Blick auf Emissionsreduktion zu messen, erscheint unfair. Warum dies? Industrienationen wie Deutschland, die sich durch einen sehr hohen Emissionsanteil einen entsprechend hohen Wohlstandsstandard gesichert haben, würden auch hier weiterhin überproportional bevorzugt werden.

---

[25] Vgl. zu diesem und den folgenden Absätzen [KlimaEthik15], Seite 85-90
[26] Eigene Erstellung (2023) in Anlehnung an [KlimaEthik15], Seite 85 & 86

Die zweite Schwäche, die sich unmittelbar aus dieser Herleitung am Beispiel Deutschlands als Industrienation ergibt ist, dass die Voraussetzung unplausibel erscheint. Wieso sollten Entwicklungsländern mehr Verantwortung übernehmen und folglich mehr leisten, als sie selbst verursacht haben, wenn deren Anteil relativ gleich bleibt, aber absolut bereits sehr niedrig ist (und noch weiter sinken soll)?

Die Herleitung der relativen Emissionsanteile wird dabei, wie eine Art „Gewohnheitsrecht" betrachtet. Dass die Menschen in Deutschland gewisse legitime Erwartungen haben an ihren Wohlstand, ist grundsätzlich nachvollziehbar und macht es folglich umso schwerer zu verargumentieren, wieso beispielsweise in Deutschland am Wochenende nicht mehr mit dem privaten PKW in den Städten gefahren werden darf. Dieses Szenario könnte bis hin zu gesetzlichen Verboten oder Enteignung fortgeführt werden, was ebenso Konfliktpotential bietet wie moralisch fragwürdig wäre.

Zusammenfassend lässt sich das deskriptive Grandfathering-Prinzip als ein Verteilungsgrundsatz, der uns sagt a) was, b) wem und c) wieso zukommt (und nicht im Sinne einer fairen Aufteilung zustehen sollte!).

4.2. Verursacherprinzip

Das Verursacherprinzip könnte hier den Aspekt einer verursachungsgerechten Aufteilung der Lasten zwischen allen Menschen abdecken und damit die Argumentationsschwäche des Grandfathering-Prinzips schließen.

Am Beispiel von Deutschland würde dies dann bedeuten, dass wir einen auf Basis unserer bisherigen Emissionen äquivalenten Anteil der zukünftigen Last tragen. Man kann also sagen, dass die Verursacher entsprechend Verantwortung übernehmen. Diese Verantwortung könnte dann auch sein, dass man eine Art Entschädigung zahlt, wenn Anpassungsmaßnahmen zur Verhinderung oder Minderung eines Schadens nicht mehr möglich sind. Hierbei spricht man von Adaptions- und Kompensationslasten für den eingetretenen Anteil des Schadens durch den Klimawandels. Betrachtet man das Emissionsbudget dann in Relation, würde man von Mitigationslasten sprechen.

Auch dieses Prinzip weist argumentative Schwächen auf, denn man muss einen unabhängigen Fairnessmaßstab voraussetzen. Am Beispiel Deutschlands aus der Abbildung 2 müsste man sich die Frage stellen, was wäre denn fair und damit gewissermaßen gerecht? Erst mit dieser Antwort wäre dann im nächsten Schritt mittels des Verursacherprinzips eine Antwort nach der Aufteilung möglich.

Damit läuft es beim Verursacherprinzip darauf hinaus, dass wir unter Annahme eines gemeingültigen Fairnessmaßstabs, die heutigen und morgigen Generationen entsprechend ihrer historischen Emissionen in die Pflicht nehmen.

Dies könnte wiederum problematisch sein, da man im Sinne der Generationengerechtigkeit auch eine gewisse Vererbung von Schulden voraussetzt. Können wir die Lasten für die Emissionen unserer Eltern und Großeltern übernehmen bzw. müssen wir diese Pflichten übernehmen?

Das Verursacherprinzip würde damit sowohl Individuen als auch Kollektive in die Verantwortung nehmen, obwohl sie nichts zur Ursache des Prinzips beigetragen haben.

Ein besonders interessanter Aspekt des Verursacherprinzips ist, dass man die Frage stellen müsste, ob unsere Großeltern überhaupt von den Konsequenzen der Emissionen in ihrer Zeit wissen konnten. Daraus ergibt sich eine Diskussion, ob man nicht zwischen entschuldbarer und unentschuldbarer Unwissenheit unterscheiden müsste, was sich dann wiederum in der Frage der Lastenverteilung äußern müsste.[27]

Der Grundsatz „für seine eigenen Taten die Verantwortung zu übernehmen" funktioniert beim Verursacherprinzip daher nur, wenn generationsübergreifend eine Vererbung der Lasten vertretbar ist. Dabei gilt, dass wenn der Schaden nicht zu beheben ist, wenigstens die Leidtragenden entschädigt werden sollten – wobei auch dies in manchen Fällen nicht mehr möglich ist.

4.3. Nutznießerprinzip

Das Nutzernießprinzip geht hier einen Schritt weiter, denn die Verteilung der Lasten soll hierbei nicht nach dem Gesichtspunkt der Verursachung der Emissionen bzw. des Problems erfolgen, sondern den daraus entstandenen Vorteilen für beispielsweise Deutschland.

Im Kapitel 2 wurde als Beispiel die grauen Emissionen erwähnt – dies veranschaulicht, wie der Konsum in Deutschland, der den Verbrauchern hier zugutekommt, woanders auf der Welt entlang der Produktions- und Lieferkette Emissionen erzeugt.

Es liegt also nahe, dass die Profiteure in die Pflicht genommen werden, das Unrecht wiedergutzumachen, das sie historisch gesehen begangen haben. Dabei geht es aber nicht darum, die Ursache auszugleichen, sondern deren Wirkung. Daher gilt Verpflichtung des Nutznießers unabhängig davon, ob er auch der Verursacher ist.[28]

Nach Seidel und Roser ist die allgemeine Formulierung für das Nutznießerprinzip, dass jeder in dem Maße die Anpassungs- und Kompensationskosten für die Beseitigung des Unrechts zu tragen hat, in dem er von diesem profitiert hat. Wichtig ist hierbei zu betonen, dass es vorrangig um unverdiente Vorteile geht – Deutschland müsste damit nicht sofortig seine Infrastruktur abbauen usw., sondern eben den Nutzen aus der durch das Mehr an erzeugter Emission entsprechend ausgleichen.

Vielmehr geht es darum, dass wenn ein Unrecht bereits geschehen ist bzw. sich nicht vermeiden lässt, sollten wenigstens alle gleichermaßen davon profitieren. Daraus resultiert für diejenigen, die mehr profitieren als die anderen, eine entsprechende Ausgleichsverpflichtung.

Das praktische Problem hierbei ist zu klären, wem denn nun eigentlich was bzw. wie viel genau zusteht. Da sich diese Frage vielleicht nur mit einem Blick auf das Existenzminimum für alle beantworten lässt, gilt es hier einen anderen Ansatz zu wählen.

Und dieser beruht auf der Prämisse der Ungleichheit, welche sich als indirekter Effekt aus den verursachten Schäden ergibt, den z.B. die Industrienationen in den Entwicklungsländern verursacht haben. Auf dieser Basis könnte eine Art von Umverteilung erfolgen.

Zusammenfassend bedeutet dies, dass aufgrund der fehlenden Möglichkeit einen Konsens über die vorausgehend faire oder unfaire Verteilung von Emissionen, das Nutznießerprinzip wahrscheinlich nur in Verbindung mit anderen Prinzipien wirklich funktionieren könnte.

---

[27] Vgl. [KlimaEthik15], Seite 98-99
[28] Vgl. zu diesem und dem nachfolgenden Absatz [KlimaEthik15], Seite 102-103

4.4. Prinzip der Zahlungsfähigkeit & der Emissionsegalitarismus

Das vorletzte Prinzip der Zahlungsfähigkeit könnte man so verstehen, dass es eine Art umgekehrtes Nutznießerprinzip ist. Anstelle des Nutzens wird hierbei über den bestehenden Wohlstand aller Menschen als Basis für die Verteilung der Lasten entschieden – was wiederum eine Echtzeitbetrachtung darstellt und nicht historisch ausgerichtet ist.[29]

Dabei könnte man sich beispielsweise den volkswirtschaftlichen Wohlstands Deutschlands für sich genommen anschauen und dies der Zuteilung der zu verteilenden Lasten gegenüberstellen. Man könnte sagen „Wer hat, der kann".

Die Leitidee dieses Prinzips ist, dass besonders viel Wohlstand auch mit einer besonders privilegierten Lage einhergeht, welche auch mit einem Mehr an Verantwortung bei der Lösung von Problemen wie beispielsweise Armut, Hunger und eben letztlich der Klimaerwärmung verbunden ist.

Rein praktisch scheint dies auch ein guter Ansatz zu sein, weil beispielsweise 1€ am Tag für uns in Deutschland in Relation kein nennenswerter Betrag ist, während dies in Summe auf ein Jahr gerechnet, dem Einkommen eines Menschen in Haiti entspricht.[30] Wäre es gerecht, wenn wir von Menschen in Haiti, die quasi am Existenzminimum leben, erwarten, dass sie ebenfalls 1€ am Tag für den Klimaschutz aufwenden, während dies in Deutschland keinen relevanten Einfluss auf unsere Lebenswirklichkeit hätte? Intuitiv würde man sagen, dass dies nicht wirklich gerecht sein kann.

Weiterhin hat das Prinzip der Zahlungsfähigkeit den Vorteil, dass es sich plausiblerweise auf alle Arten von Kosten anwenden lässt, solange man diese letztlich irgendwie quantifizierbar machen kann. Darüber hinaus ist der darin enthaltene Suffizientarismus auch mit unterschiedlichen Verteilungen bzw. Verteilungsprinzipen vereinbar. Es ist die Kombination zweier moralischer Leitideen: einmal die der Suffizienz und zum anderen die der Gleichheit.

Aber auch dieses Prinzip ist nicht frei von Kritik: In Verbindung mit Instrumenten wie dem Emissionshandel räumt es wohlhabenderen Industrieländern gewissermaßen die Option zum Ablasshandel ein und damit, sich nicht selbst direkt um das Problem zu kümmern, sondern dies Entwicklungsländern zu übertragen. Zudem wäre der Wohlstand Deutschlands eine kollektive Summe, die man dann erneut auf jeden einzelnen Menschen umlegen müsste, gemäß seinem individuellen Wohlstand. Und der individuelle Wohlstand alleine führt noch nicht zur moralischen Pflicht, auch zu helfen. Hier müsste durch die Politik im Sinne der Gerechtigkeit viel mehr durch Gesetze o. Ä. eine Verpflichtung geschaffen werden – und dies nicht nur in Deutschland, sondern bestenfalls weltweit unter allen Industrienationen. Doch wie sollte man so etwas jemals umsetzen?

Weiterführend gibt es auch das Prinzip des Emissionsegalitarismus, welches hier aber nur erwähnt wird und sich sinngemäß um ein Verteilungsprinzip handelt, dass das verbleibende Emissionsbudget zwischen allen aufteilt.

Das Problem: wohlhabende Industrienationen können sich ihr benötigtes Mehr einfach zukaufen und die Bilanz wäre ausgeglichen, ohne dass es wirklich nachhaltige Verbesserungen der Situation gibt.

Dadurch würde man Entwicklungsländern eine Einnahmequelle ermöglichen, aber auch die Menschen dort wollen über dem Existenzminimum leben, weshalb dies voraussichtlich kein

---

[29] Vgl. zu diesem Kapitel [KlimaEthik15], Seite 110 - 117
[30] https://www.bpb.de/themen/soziale-lage/verteilung-von-armut-reichtum/325859/vergleich-von-entwicklungslaendern/, abgerufen am 29.03.2023

nachhaltiger Lösungsansatz ist. Die Summe des Emissionsbudgets ist begrenzt und kann folglich nicht wachsen. Zudem setzt dies voraus, dass die Atmosphäre das Eigentum aller Menschen wäre (oder auch niemandes Eigentum), wie würde man berechnen können, wem wie viel gehört bzw. zusteht?[31]

Zusammenfassend folgt eine Übersicht der vorgestellten Prinzipien samt deren Prämissen, die im Rahmen dieses Kapitels vorgestellt wurden (siehe Tabelle 1):

Tabelle 1: Eine Übersicht über die Verteilungsprinzipien[32]

Prinzip	Zu verteilendes Gut	Leitende Erwägung	Historisch?
Grandfathering	Emissionsreduktion (Mitigationslasten)	Gewohnheitsrecht; Schutz legitimer Erwartungen	Ja
Verursacher-Prinzip	Adaptions- und Kompensationslasten	Verantwortung für ein Problem	Ja
Nutznießer-Prinzip	Adaptions- und Kompensationslasten	Profitieren von Unrecht	Ja
Prinzip der Zahlungsfähigkeit	Adaptions- und finanzielle Mitigationslasten	Suffizienz (+Gleichheit)	Nein
Emissionsegalitarismus	Verbleibendes Budget (Mitigationslasten)	Gleichheit	Nein

Zum Abschluss des Kapitels 4 gilt es eine Antwort auf die Leitfrage „Wer trägt welche Last?" zu geben. Es lässt sich anhand der vorgestellten Prinzipien festhalten, dass es nicht die eine allgemeingültige Lösung gibt. Entweder weil die Prinzipien teils argumentativ nur eingeschränkt haltbar oder für sich betrachtet kaum praktikabel umsetzbar sind.

Die Verteilung der Last müsste folglich ein Mix dieser Prinzipien sein, um die besonderen Umstände von Industrie- wie auch Entwicklungsländern aus dem Anspruch an eine möglichst gerechte und nutzenstiftende Lösung zu ermöglichen.

---

[31] Vgl. Vgl. [KlimaEthik15], Seite 118 - 123
[32] Eigene Erstellung (2023) in nach [KlimaEthik15], Seiten 124 ff.

5. Conclusio - Was müssten wir also nun tun?

Nachdem nun mögliche Antworten auf die Leitfragen der vorausgehenden Kapitel gegeben wurden, bleibt abschließend noch die Frage zu klären „Was müssten wir also nun tun?".

Auch hier scheint es leider so zu sein, dass es keine allgemeingültige Antwort gibt, aber man wird sich trotz der Diskussion der unterschiedlichsten Prinzipien und Argumente unweigerlich darauf einigen können, dass das potenzielle Risiko für die Zukunft der Menschheit ein Handeln zwingend notwendig macht.

Vielleicht sind die gesellschaftlichen Veränderungen, die wir heute teils schon beobachten können, beispielsweise in Form „der letzten Generation" und ihren polarisierenden Protestaktionen zum Klimaschutz, der Auftakt einer neuen individuellen Verantwortung?[33]

In der Summe wird es aber nur mit einem Zusammenspiel aller Industrie- sowie Entwicklungsländer, aller Prinzipien und mit viel Klima-Ethischen Anspruch, wenn nicht gar Idealismus möglich sein, die vor uns stehenden Herausforderungen anzunehmen. Dabei gilt, wie beispielsweise im Risiko-Management: nichts tun ist keine Option.

Die beiden Autoren Roser und Seidel geben dem Leser ihres Buches auch keine allgemeingültige Antwort, sensibilisieren aber ebenso für einen Mix der Möglichkeiten wie dafür, dass jeder persönlich in der Pflicht steht und somit auch selbst aktiv werden kann (und vielleicht auch zwingend muss).

Abschließend lässt sich die Frage „Was müssten wir also nun tun?" vielleicht mit dem folgenden Zitat sinngemäß beantworten:

"Ja, wir könnten jetzt was gegen den Klimawandel tun, aber wenn wir dann in 50 Jahren feststellen würden, dass sich alle Wissenschaftler doch vertan haben und es gar keine Klimaerwärmung gibt, dann hätten wir völlig ohne Grund dafür gesorgt, dass man selbst in den Städten die Luft wieder atmen kann, dass die Flüsse nicht mehr giftig sind, dass Autos weder Krach machen noch stinken und dass wir nicht mehr abhängig sind von Diktatoren und deren Ölvorkommen. Da würden wir uns schön ärgern."

— Marc-Uwe Kling, Die Känguru-Apokryphen (2018)[34]

---

[33] https://letztegeneration.de/, abgerufen am 27.03.2023
[34] https://www.goodreads.com/quotes/9540045-ja-wir-k-nnten-jetzt-was-gegen-den-klimawandel-tun-aber, abgerufen am 26.03.2023

6. Quellenverzeichnis

Literatur

Tabelle 2: Quellenverzeichnis - Literatur

Kurzbeschreibung	Detailbeschreibung
[HaBuVe17]	Ludger Heidbrink, Claus Langbehn & Janina Loh (Hrsg.): Handbuch Verantwortung (2017) Springer Fachmedien Wiesbaden GmbH, Wiesbaden ISBN 978-3-658-06109-8
[KlimaEthik15]	Dominic Roser & Christian Seidel (Hrsg.): Ethik des Klimawandels – Eine Einführung (2015) 2. Auflage, Wissenschaftliche Buchgesellschaft, Darmstadt ISBN 978-3-534-26638-8

Internet

Tabelle 3: Quellenverzeichnis - Internet

Übersicht

https://www.are.admin.ch/dam/are/de/dokumente/nachhaltige_entwicklung/dokumente/bericht/our_common_futurebrundtlandreport1987.pdf.download.pdf/our_common_futurebrundtlandreport1987.pdf, abgerufen am 29.03.2023

https://www.bpb.de/themen/umwelt/bioethik/257690/klimaethik/, abgerufen am 25.03.2023

https://www.bpb.de/kurz-knapp/lexika/lexikon-der-wirtschaft/19473/generationenvertrag/, abgerufen am 28.03.2023

https://www.degruyter.com/document/doi/10.1515/9783110401066-011/html, abgerufen am 22.03.2023

https://www.deutschlandfunk.de/der-klimawandel-eine-ungerechtigkeit-100.html, abgerufen am 25.03.2023

https://www.deutschlandfunkkultur.de/generationengerechtigkeit-100.html, abgerufen am 23.03.2023

https://www.faz.net/aktuell/politik/gauland-der-klimawandel-ist-politisch-motivierte-panikmache-16392491.html, abgerufen am 24.03.2023

https://www.goodreads.com/quotes/9540045-ja-wir-k-nnten-jetzt-was-gegen-den-klimawandel-tun-aber, abgerufen am 26.03.2023

https://www.institut-fuer-menschenrechte.de/fileadmin/Redaktion/Publikationen/Stellungnahmen/Stellungnahme_Menschenrechte_und_Klimakrise.pdf, abgerufen am 27.03.2023

https://letztegeneration.de/, abgerufen am 27.03.2023

https://www.umweltbundesamt.de/daten/klima/beobachtete-kuenftig-zu-erwartende-globale#aktueller-stand-der-klimaforschung-, abgerufen am 25.03.2023

https://medienportal.univie.ac.at/uniview/semesterfrage/klimawandel/detailansicht/artikel/die-ethische-seite-des-klimawandels/, abgerufen am 25.03.2023

https://unfccc.int/resource/docs/convkp/conveng.pdf, abgerufen am 29.03.2023,

https://www.welthungerhilfe.de/informieren/themen/klimawandel/naturkatastrophen, abgerufen am 21.03.2023